GEFIEDERTE GÄSTE

42 Karten

Fröhliches Vogelgezwitscher und geschäftiges Treiben am Futterhaus – Vögel machen einen Garten gleich viel lebendiger. Mit diesen Karten lernst du die häufigsten Arten noch einmal ganz neu kennen. Von Meisenknödel bis Nisthöhle findest du zahlreiche Tipps und Anleitungen, wie sich die Vögel rund ums Haus noch wohler fühlen.

- 30 wunderschön illustrierte Arten im Porträt
- 10 Anleitungskarten für Futter und Nisthilfen

Bildnachweis
Mit 58 Illustrationen von Creative Market (1), Paschalis Dougalis (2), Marianne Golte-Bechtle (27), Sigird Haag (6), Reinhild Hofmann (1), Shutterstock (20) und Roland Spohn (1). 10 Icons von Lisa Hummel.

Impressum
Verpackungsgestaltung von Gramisci Editorial Design, München, unter Verwendung von Illustrationen von Creative Market (Blütenkranz) und Shutterstock (Mörser, Schere, Schneidebrett).

Der Inhalt dieses Sets ist sorgfältig recherchiert und erarbeitet worden. Dennoch können weder die Autorin noch der Verlag für alle Angaben im Buch eine Haftung übernehmen.

Unser gesamtes lieferbares Programm finden Sie unter **kosmos.de**. Über Neuigkeiten informieren Sie regelmäßig unsere Newsletter, einfach anmelden unter **kosmos.de/newsletter**.

Gedruckt auf chlorfrei gebleichtem Papier

ISBN 978-3-440-18329-8
Redaktion: Claudia Salata
Gestaltung: Gramisci Editorial Design, München
Satz: Claudia Adam Graphik-Design, Bad Kreuznach
Produktion: Markus Schärtlein
Druck und Bindung: Longo AG, Bozen
Printed in Italy/Imprimé en Italie

FSC
www.fsc.org
MIX
Papier | Fördert gute Waldnutzung
FSC® C023164

MÄDESÜSS

FILIPENDULA ULMARIA

BLÜTEN		X			X		X	X	X	X

- Mädesüß liebt nasse Füße, daher wächst es vor allem in feuchten Gräben und an Bächen, wo es mit seinen Blüten im Sommer alle anderen Pflanzen überragt.
- Die kleinen, gelblich weißen Blüten bilden trichterförmige Blütenstände. Sie duften intensiv süß nach Marzipan und Vanille und sind ein herrliches Aroma für Desserts und Getränke.
- Die Blätter sind gefiedert, größere Fiederblätter wechseln sich mit kleineren Blättchen ab.
- Der Blütentee wirkt gegen Entzündungen, senkt Fieber und hilft bei Erkältungen.
- Blätter und Blüten enthalten eine Vorstufe des Wirkstoffs in Aspirin®, ein Auszug aus ihnen kann schmerzlindernd wirken.

MÄDESÜSS

WILDER DOST

ORIGANUM VULGARE

BLÜTEN		X			X		X			X
BLÄTTER		X			X		X			X

- Der Wilde Dost stammt ursprünglich aus dem Mittelmeerraum, ist bei uns aber schon lange verwildert.
- Die rosa Blüten besitzen purpurrote Kelchblätter. Sie bilden halbkugelige Blütenstände am Ende des rötlichen, behaarten Stängels.
- Mit Beginn der Blüte im Juli schmecken die ovalen Blätter weniger angenehm, dann solltest du nur noch die oberen Triebspitzen und Blüten sammeln.
- Blätter und Blüten können als Gewürz- und Heilkraut verwendet werden. Sie unterstützen die Verdauung und wirken heilend bei Erkältungen.
- Auch Wildbienen und Schmetterlinge lieben die üppige Blütenpracht im Hochsommer.

WILDER DOST

GIERSCH

AEGOPODIUM PODAGRARIA

BLÜTEN					X		X			
BLÄTTER					X	X	X		X	

- Der Giersch ist als unbezwingbares „Unkraut" bekannt. Tatsächlich kommt man ihm mit Jäten nicht bei und hilft ihm damit nur bei der Ausbreitung.
- Dreierregel: Der Blattstiel ist dreikantig und jedes Blatt besteht aus drei Teilen, die ebenfalls wieder aus drei Blättchen bestehen. Die einzelnen Blättchen sind gelbgrün und duften möhrenartig.
- Vor der Blüte schmecken die zarten Blätter fein würzig nach Möhre und Petersilie, später sind sie nicht mehr so lecker. Sie sind sehr eiweiß- und vitaminreich und eignen sich als Wildspinat.
- Die winzigen weißen Blüten bilden doldenförmige Blütenstände und sind ebenfalls essbar.

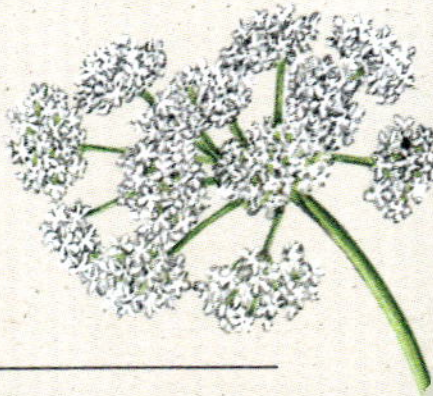

GIERSCH

HÄNGEBIRKE

BETULA PENDULA

BLÄTTER							×		×	×

- Das helle Frühlingsgrün der Birkenwälder sorgt nach dem grauen Winter für gute Laune. Noch vor dem Blattaustrieb kannst du das erfrischende, leicht süße Birkenwasser zapfen.
- Die Rinde des schlanken Baumes ist weiß mit schwarzen Rissen und löst sich in papierartigen Streifen ab. Die Birke ist ein Symbol für Jugend und Liebe.
- Die Blätter sind rautenförmig. Kurz nachdem sich die Knospen entfalten, schmecken sie am besten. Birkenblättertee wirkt entwässernd und wird gern für eine Frühjahrskur genutzt. Das aromatische, grüne Birkensalz kannst du als Gewürz oder auch als Badezusatz verwenden.

HÄNGE-BIRKE

WIESENKLEE

TRIFOLIUM PRATENSE

BLÜTEN		X			X	X	X		X	

- Die Blüten des Wiesenklees bilden herrlich süßen Nektar, der besonders gut zur Geltung kommt, wenn du die Blüten einzeln aus dem kugeligen Köpfchen zupfst.
- Die Blütenköpfchen stehen zu zweit am Ende kantiger Stängel – eins ist meist kleiner als das andere – und werden von den obersten Blättern umrahmt.
- Die Blätter des Wiesenklees sind typisch dreiteilig und haben einen hellen Fleck auf der Oberseite. Vierblättrige Exemplare sind selten und gelten schon seit alters her als Glückssymbol.
- Klee-Blüten machen sich wunderbar in Kuchen- oder Pfannkuchenteig. Kurz vor der Mittagszeit geerntet schmecken sie besonders gut.

WIESENKLEE

GÄNSEBLÜMCHEN

BELLIS PERENNIS

BLÜTEN	X	X			X	X	X		X	X

- Das zarte Gänseblümchen begleitet uns das ganze Jahr über. Es ist überall dort zu Hause, wo Tiere oder Menschen das Gras kurz halten und treibt immer wieder neue Blütenköpfchen aus.
- Die spatelförmigen Blätter schmiegen sich an den Boden, der lange, behaarte Stängel streckt das Blütenköpfchen der Sonne entgegen. Die weißen Zungenblüten am Rand schließen sich in der Nacht und bei Regen, um die gelben Röhrenblüten in der Mitte zu schützen.
- Genau wie die Blüten schmecken die Blätter lecker im Salat. Sie sind nussig mild.
- Das Gänseblümchen stärkt die Abwehrkräfte, unterstützt bei Husten und tut auch der Haut gut.

GÄNSEBLÜMCHEN

GUNDERMANN

GLECHOMA HEDERACEA

BLÜTEN		X			X	X	X		X	
BLÄTTER		X			X	X	X		X	

- Die blühenden Stängel des Gundermanns richten sich auf, während die restliche Pflanze über den Boden kriecht und Ausläufer bildet.
- Er blüht von März bis Juni wunderschön blauviolett. Die Blätter sind herzförmig und oft violett überlaufen.
- Gundermannblätter verströmen beim Zerreiben einen minzigen, etwas ziegenartigen Duft. Im April schmecken sie am besten. Verwende sie nur sparsam, denn der herb-würzige Geschmack ist sehr dominant. Das Aroma passt auch wunderbar zu Schokolade.
- Gundermann hilft bei Atemwegserkrankungen und Hautunreinheiten. Im Mittelalter wurden ihm sogar Zauberkräfte zugeschrieben.

GUNDERMANN

Duftveilchen

VIOLA ODORATA

BLÜTEN		X		X	X		X	X	X	

- Bei uns wachsen viele ähnliche Veilchenarten, doch nur diese duftet lieblich süß.
- Die blauvioletten Blüten – ab und an sind sie auch weiß – erscheinen im März und April. Sie sitzen einzeln am Ende langer Stiele, die nur zwei kleine Blattschüppchen tragen. Die herzförmigen Blätter entspringen aus einer Grundrosette.
- Mit Zucker kandiert sind Veilchenblüten wunderschöne, essbare Farbtupfer auf Desserts.
- Veilchentee ist hübsch blau. Er beruhigt die Schleimhäute und wirkt gegen Husten. Abgekühlt hilft er gegen Hautunreinheiten.

DUFT-
VEILCHEN

WEISSE TAUBNESSEL

LAMIUM ALBUM

BLÜTEN					X		X		X	X
BLÄTTER					X		X			X

- Taubnesselblätter sehen Brennnesselblättern täuschend ähnlich, besitzen aber keine Brennhaare, sind also harmlos.
- Die Blüten findest du ab April. Sie sind cremeweiß und stehen oberhalb der Blätter in einem Ring um den Stängel, ihre Oberlippe ist helmförmig. Tief unten in der Blütenröhre versteckt sich herrlich süßer Nektar.
- Es lohnt sich, die Blüten einzeln zu sammeln. Du kannst sie direkt naschen oder für einen wohltuenden Tee trocknen, der früher in der Frauenheilkunde angewendet wurde. Die jungen Blätter sind ein leckeres Wildgemüse.
- Alle Taubnesselarten sind essbar, ihre bunten Blüten bringen Farbe in den Wildkräutersalat.

WEISSE TAUBNESSEL

HASELNUSS

CORYLUS AVELLANA

KÄTZCHEN					X		X			X

- Der Haselnussstrauch blüht bereits im Januar. Seine Pollen sind eine der ersten Nahrungsquellen für Bienen, wenn es langsam wärmer wird – und Grund für so manche Allergie.
- Die weiblichen Blüten verstecken sich in Knospen und tragen ein kleines rotes Büschel an der Spitze, die männlichen hängen in langen Kätzchen herab und sind sehr proteinreich.
- Die Blätter der Hasel sind weich behaart, rundlich und am Rand grob gesägt. Solange sie ganz jung sind, eignen sie sich als Blattgemüse oder als Tee.
- Am beliebtesten sind natürlich die hellbraunen Haselnüsse, die jede Menge Energie, Eiweiß, Vitamine und Mineralien liefern. Angeröstet schmecken sie noch intensiver.

HASELNUSS

VOGELMIERE

STELLARIA MEDIA

BLÜTEN		X			X	X			X	
BLÄTTER		X			X	X			X	

- Die unauffällige Pflanze hat es in sich. Sie schützt den Boden vor Austrocknung, bildet unzählige Samen, die 60 Jahre lang keimen können, und wächst sogar im Winter.
- Der Stängel kriecht am Boden entlang, kann sich aber auch aufrichten. Er trägt eine deutlich sichtbare Haarlinie. Die Blätter sind eiförmig und zugespitzt, die fünf Blütenblätter der weißen Blütensterne sind sehr tief eingeschnitten.
- Die ganze Vogelmiere ist essbar und auch bei Vögeln sehr beliebt. Sie schmeckt leicht nussig und ist im Salat oder als spinatartiges Gemüse nicht nur lecker, sondern auch gesund.

VOGELMIERE

WASSERMINZE

MENTHA AQUATICA

BLÜTEN		X			X			X		X
BLÄTTER		X			X		X	X	X	X

- Die Wasserminze schmeckt milder als die Pfefferminze, wird aber genauso für ihre heilende Wirkung geschätzt.
- Sie hat gerne nasse Füße und wächst oft am Ufer von Gewässern oder auf nassen Wiesen.
- Die grob gesägten Blätter stehen sich paarweise gegenüber, die rosafarbenen Blüten sitzen in den Achseln der obersten Blätter und bilden am Stängelende einen kugeligen Blütenstand. Die ganze Pflanze trägt feine Haare.
- Minze-Tee ist ein Klassiker und hilft bei Verdauungsbeschwerden und Erkältungen. Die Blätter und Blüten eignen sich aber auch wunderbar zum Aromatisieren von Getränken und Speisen.

WASSER-MINZE

BEIFUSS

ARTEMISIA VULGARIS

BLÜTEN		X					X		X	X
BLÄTTER		X					X		X	X

- Die Pflanze wird über zwei Meter groß und wächst buchstäblich „bei Fuß“ an Wegrändern.
- Die winzigen, bräunlichen Röhrenblüten stehen in kleinen Körbchen zusammen, die wiederum einen dichten Blütenstand bilden. Da sie vom Wind bestäubt werden, müssen sie keine Insekten anlocken und sind eher unauffällig.
- Beifuß regt als Gewürz die Verdauung an und macht fettige Speisen bekömmlicher. Am besten schmecken die Blütenrispen und Blätter im Juni vor der Blüte.
- Ein Tee aus der „Mutter aller Kräuter“ wirkt innerlich als auch äußerlich krampflösend, wärmend und entspannend. Während der Schwangerschaft sollte er nicht getrunken werden.

BEIFUSS

BROMBEERE

RUBUS FRUTICOSUS

BLÄTTER										×
FRÜCHTE		×		×				×		

- Die Brombeere trägt sogar im Winter grüne Blätter. Sie bestehen aus drei bis sieben einzelnen Blättchen und schmecken gut als gesunder Tee. Auf der Unterseite tragen sie Stacheln.
- Mit ihren kräftigen Stacheln klettern Brombeerranken gerne an anderen Pflanzen hinauf und bilden rasch ein undurchdringliches Dickicht.
- Die weißen Blüten erscheinen ab Mai und die köstlichen schwarzen Früchte findest du bis in den Oktober hinein. Oft sind Blüten, unreife und reife Früchte gleichzeitig an einer Pflanze zu sehen.
- Brombeeren wirken stärkend auf die Abwehrkräfte und helfen gegen Entzündungen.

BROMBEERE

HUNDSROSE

ROSA CANINA

BLÜTEN		X		X	X	X	X	X	X	
FRÜCHTE		X	X	X				X		X

- Im Juni verschönert die Hundsrose unsere Hecken mit zart duftenden, rosafarbenen Blüten. Du kannst die Blütenblätter zum Aromatisieren von Getränken und als Dekoration verwenden. Hüte dich beim Pflücken vor den sichelförmigen Stacheln der Triebe.
- Die Blätter setzen sich aus drei bis sieben einzelnen Fiederblättchen zusammen. Jung kannst du sie in Gemüsegerichte geben.
- Bis in den Winter leuchten dir die Hagebutten orangerot entgegen. Keine unserer heimischen Wildfrüchte enthält mehr Vitamin C, sie ist also ein richtiges Kraftpaket. Die Kerne im Inneren schmecken nach Vanille. Hebe sie für den „Kernlestee“ auf, wenn du Hagebuttenmarmelade kochst.

HUNDSROSE

WEISSDORN

CRATAEGUS SPEC.

BLÜTEN					X			X	X	X
BLÄTTER					X				X	X
FRÜCHTE			X	X				X		X

- Es gibt zwei Weißdorn-Arten bei uns, die auch gerne Mischformen untereinander bilden. Du kannst die Blüten, Blätter und Früchte von beiden gleich nutzen.
- Die weißen Blüten mit Mandelaroma erscheinen erst nach den zart grünen Frühlingsblättern. Sie besitzen fünf Blütenblätter und kräftig rote Staubbeutel. Sie wirken stärkend auf Herz und Kreislauf.
- Die Blätter sind in mehrere Lappen unterteilt und teilweise tief eingeschnitten. Im Salat schmecken sie ein wenig nussartig.
- Die roten Früchte reifen im Herbst und sind mehlig, schmecken aber fruchtig süß.

WEISSDORN

SCHLEHE

PRUNUS SPINOSA

BLÜTEN					X				X	
FRÜCHTE	X	X	X	X				X		

- Ab Ende März verwandelt die Schlehenblüte unsere winterlich kahlen Hecken in ein Blütenmeer, das bei Insekten für Hochgefühle sorgt. Die reich verzweigten Dornensträucher sind für viele Vögel ein perfekter Brutplatz.
- Die Blüten erscheinen vor den dunkelgrünen Blättern. Sie sind weiß und stehen in schönem Kontrast zur schwarzen Rinde. Ein Tee daraus unterstützt unsere Abwehrkraft, kandiert verschönern sie Nachspeisen. Die Blätter eignen sich als herbes Gewürz.
- Die dunkelblauen Beeren schmecken sehr sauer und pelzig, werden aber mit dem ersten Frost süß und lecker. Sie sind auch bei Vögeln sehr begehrt.

SCHLEHE

WALDMEISTER

GALIUM ODORATUM

BLÄTTER								X		

- Die Blätter des Waldmeisters stehen in Quirlen etagenartig übereinander. Immer sechs bis neun kleine Blättchen bilden ein Stockwerk. So bekommt jedes einzelne im schattigen Wald genug Licht.
- Am Ende des Stängels stehen die winzigen weißen Blüten wie kleine Sternchen.
- Am besten sammelst du die Pflänzchen kurz vor der Blüte. Erst beim Welken entfalten sie ihren bekannten süßen Waldmeisterduft und verleihen damit der Maibowle ihren Geschmack.
- Verwende nicht zu viele Pflanzen und lasse sie nur kurz in Wein oder Saft ziehen, zehn Stängel auf einen Liter und etwa 30 Minuten genügen. Zu viel Waldmeister verursacht Kopfschmerzen.

WALDMEISTER

BÄRLAUCH

ALLIUM URSINUM

BLÜTEN	X	X					X			
BLÄTTER		X					X			

- Er gehört im Frühling zu den ersten Waldkräutern – dann hüllt sein lauchiger Duft oft ganze Wälder ein. Vielleicht ist er gerade deshalb so beliebt, weil er nur kurz zu finden ist?
- Meistens sprießen ab Anfang März zwei Blätter aus einer Zwiebel. Ihr Stiel ist dreikantig und jedes Blatt hat eine kräftige Mittelrippe, die mit einem Knacken abknickt.
- Der Geschmack der Blätter ist bestens bekannt, aber auch die Blütenknospen, die Blüten und die Zwiebeln sind essbar. Der Bärlauch ist aber nicht nur ein kulinarischer Schatz, sondern auch sehr gesund.
- Als Pesto oder eingelegt kannst du Bärlauch auch später im Jahr noch genießen.

BÄRLAUCH

KNOBLAUCHSRAUKE

ALLIARIA PETIOLATA

BLÜTEN		X								
BLÄTTER		X							X	

- Unser ältestes, heimisches Würzkraut mag den Halbschatten, deshalb findest du es oft am Fuß von Hecken. Die Blätter sind bei den Raupen des Aurorafalters beliebt.
- Die unteren Blätter sind nierenförmig, die weiter oben am Stängel herzförmig und gezähnt. Ganz oben an der Spitze findest du mehrere kleine weiße Blüten mit vier Blütenblättern.
- Junge Blätter schmecken gut im Salat. Auch die Blüten sind essbar und eine schöne, pikante Deko. Die Samen kannst du wie Senf verwenden und aus der Wurzel eine meerrettichähnliche Paste herstellen.
- Genieße die Knoblauchsrauke frisch und roh, denn beim Trocknen geht ihr Aroma verloren.

KNOBLAUCHSRAUKE

THYMIAN

THYMUS SPEC.

BLÜTEN		X			X		X		X	X
BLÄTTER		X			X		X		X	X

- Es gibt unzählige Thymian-Arten, die sich nur schwer unterscheiden lassen. Einige duften würzig, andere nach Zitrone. Sie alle stecken voller Heilkraft.
- Der Feld-Thymian wird auch Quendel genannt und wächst als Zwergstrauch. Die Zweige mit den kleinen, eiförmigen Blättern kriechen am Boden entlang, die Enden mit den purpurrosa Blüten recken sich aber der Sonne entgegen.
- Thymian hilft als Tee getrunken oder inhaliert bei Husten. Seine keimhemmende Wirkung entfaltet er auch als Räucherstoff und reinigt so die Luft. Als Gewürz macht er deftige Gerichte nicht nur aromatischer, sondern unterstützt auch die Verdauung.

THYMIAN

BRENNNESSEL

URTICA DIOICA

BLÄTTER					X				X	X

- Oft betrachten wir die Brennnessel nur als lästiges, schmerzhaftes „Unkraut“, dabei steckt sie voller wertvoller Inhaltsstoffe und ist eine wichtige Futterpflanze für viele Schmetterlingsraupen, z.B. von Tagpfauenauge und Admiral.
- Es gibt weibliche und männliche Brennnessel-Pflanzen. Die Blüten der weiblichen Pflanze hängen herab und sind graugrün. Hier werden die eiweißreichen Samen gebildet. Die männlichen Blüten stehen ab und sind hellgrün.
- Die Blätter eignen sich für einen Tee als Frühjahrskur oder als gesunder Wildspinat. Beim Kochen werden auch die fiesen Brennhaare unschädlich gemacht.

BRENNNESSEL

SPITZWEGERICH

PLANTAGO LANCEOLATA

BLÄTTER					X	X			X	X
KNOSPEN	X									

- Der „König der Wege“ kommt eher unauffällig daher, glänzt aber mit inneren Werten.
- Seine langen, schmalen Blätter bilden am Boden eine Blattrosette, aus deren Mitte sich die Stängel mit den Blüten erheben. Die braunen Blüten stehen in einem eiförmigen Blütenstand und blühen von unten nach oben auf. Die weißen Staubblätter lassen sie weit heraushängen.
- Angebraten schmecken die zarten Frühjahrsblätter und Blütenknospen nach Champignon.
- Der Saft gequetschter Blätter lindert den Juckreiz bei Insektenstichen und fördert die Wundheilung. Wenn du die Blätter in Honig einlegst, bekommst du einen wunderbaren Hustensirup.

SPITZWEGERICH

SCHWARZER HOLUNDER

SAMBUCUS NIGRA

BLÜTEN		X		X	X		X	X		X
FRÜCHTE				X				X		

- Wenn ab Ende Mai der Holunder blüht, ist der Sommer nicht mehr fern. Als Haus- und Schutzbaum stand er früher auf jedem Hof.
- Die duftenden, weißen Blüten stehen in breiten Blütenständen und schmecken sehr lecker als Holunderküchlein in Teig ausgebacken. Als Tee unterstützen sie dich bei Erkältungen und lindern Husten.
- Die Blätter setzen sich aus drei bis neun Fiederblättchen zusammen, die einen kräftig gezähnten Rand haben.
- Ab Ende August reifen die kugeligen Früchte. Ernte sie erst, wenn sie ganz schwarz sind, und iss sie niemals roh, denn sie sind leicht giftig. Hitze zerstört die Gifte und entlockt den Beeren einen vitaminreichen Saft, der die Abwehrkräfte stärkt.

SCHWARZER HOLUNDER

LÖWENZAHN

TARAXACUM OFFICINALE

BLÜTEN	X			X	X		X	X		X

- Im Frühling verwandelt der Löwenzahn ganze Wiesen in ein goldgelbes Blütenmeer und kurz darauf laden die Pusteblumen zu unbeschwertem Spaß ein.
- Seinen Namen verdankt der Löwenzahn den grob gezähnten Blättern, die am Boden eine Rosette bilden. Die großen, runden Blütenkörbchen am Ende der blattlosen Stängel bestehen aus unzähligen Zungenblüten.
- Der Löwenzahn ist überhaupt kein lästiges „Unkraut“, denn mit seinen Bitterstoffen ist er gut für die Verdauung. Die jungen, zarten Frühlingsblätter machen sich wunderbar im Salat und die süßen Blüten aromatisieren Honig.
- Auch die kräftige Wurzel kannst du verwenden. Röste sie für leckeren Löwenzahnkaffee.

LÖWENZAHN

HIMBEERE

RUBUS IDAEUS

BLÄTTER										X
FRÜCHTE		X		X				X		

- Die Himbeere kennen wir vor allem aus dem Garten. Die Früchte der Wildform sind zwar kleiner, allerdings auch viel aromatischer. Du findest sie ab Juli.
- Die Blüten erscheinen von Mai bis Juli, ihre weißen Blütenblätter sind aber sehr unscheinbar. Die Blätter sind gefiedert und am Rand gezähnt, oben sind sie dunkelgrün und auf der Unterseite weißfilzig.
- Neben den köstlichen Früchten kannst du auch die Blätter sammeln. Getrocknet sind sie eine leckere Zutat für Teemischungen, die auch bei Entzündungen im Mund hilft. Frisch kannst du sie in den Salat mischen.

HIMBEERE

SCHAFGARBE

ACHILLEA MILLEFOLIUM

BLÜTEN			X		X		X	X		X
BLÄTTER					X		X	X		X

- Die Blüten der Schafgarbe begleiten uns vom Sommer bis in den Herbst. Jede einzelne von ihnen besteht eigentlich aus einigen gelblich-weißen Röhrenblüten und vier bis sechs weißen oder rosafarbenen Zungenblüten. Die Blütenkörbchen bilden gemeinsam einen dichten Blütenstand.
- Ihre filigranen Blätter erinnern an eine Augenbraue, deshalb heißt sie auch „Augenbraue der Venus“. Sie sind fein gefiedert und tief eingeschnitten, sodass sie wie aus tausend Blättchen zusammengesetzt wirken.
- Dank ihrer ätherischen Öle ist sie eine großartige Heilpflanze, ihre Blüten aromatisieren aber auch Getränke und die Blätter sind ein wunderbares Gewürz.

SCHAFGARBE

FICHTE

PICEA ABIES

NADELN		X	X		X		X	X		
HARZ						X				

- Aus unseren Wäldern ist die Fichte kaum wegzudenken, eigentlich ist sie aber in der Höhe zuhause.
- Ihre Äste sind ausladend, oben spitzt sich die Krone zu. Die Nadeln sind immergrün, stechend spitz und wachsen rund um den Zweig. Der Zapfen hängt nach unten und fällt im Ganzen zu Boden.
- Im April und Mai kannst du die zarten jungen Nadeln sammeln. Sie schmecken zitronig frisch. Schichte sie mit Zucker in ein Glas für einen wohltuenden „Fichtenhonig“. Ältere Nadeln sind toll für Tee oder als Badezusatz.
- Aus getrocknetem Harz kannst du eine wundheilende Salbe herstellen, verletze den Baum beim Sammeln aber bitte nicht.

FICHTE

WALDERDBEERE

FRAGARIA VESCA

BLÄTTER										X
FRÜCHTE		X		X				X		

- Die Walderdbeere ist ein besonderer Schatz, der gut versteckt an Waldrändern, auf Lichtungen und an Böschungen auf dich wartet.
- Von Mai bis Juni blühen die weißen Blüten und ab Mitte Juni kannst du dann die kleinen aromatischen Früchte finden. Die Stängel sind behaart, die grünen Blätter auf der Unterseite ebenfalls. Die Pflanze bildet Ausläufer, um sich zu vermehren.
- Kannst du dich bei den winzigen Erdbeeren vom Naschen abhalten, aromatisieren sie Essig, Likör oder auch Sekt und Bowle. Mit ganz viel Sammelglück findest du genug für köstliche Marmelade. Blüten und Blätter ergänzen getrocknet deinen Haustee.

WALD-
ERDBEERE

KAMILLE

MATRICARIA CHAMOMILLA

BLÜTEN		X			X	X		X	X	X

- Die Kamille begegnet dir von Mai bis August an Wegrändern und auf brachliegenden Feldern. Du kannst sie aber auch in den Garten holen.
- Ihre Blütenköpfchen bestehen aus gelben Röhrenblüten, umgeben von weißen Zungenblüten, die bei älteren Blüten nach unten klappen. Bei der Echten Kamille sind sie innen hohl und duften beim Zerreiben. Die Blätter sind fadenartig gefiedert.
- Das besondere Geheimnis der Kamille: Ihr ätherisches Öl ist kräftig blau.
- Kamille lindert Entzündungen und wirkt gegen Krämpfe. Sie ist nicht nur eine kraftvolle Heilpflanze, der Blütensirup schmeckt auch wunderbar zu Desserts und in spritzigen Getränken.

KAMILLE

SALBE

Entzündungshemmende Harzsalbe oder pflegende Kräutercreme? Kräuter und Baumharze tun deiner Haut unglaublich gut.

Du brauchst 100 ml Olivenöl, 50 g Baumharz oder eine Handvoll frische Pflanzen und 10 g Bienenwachs, für Kräutersalben zusätzlich 10 g Sheabutter.

1. Gib Olivenöl und Kräuter oder Baumharz in ein Glas mit weitem Hals und erwärme es handwarm im Wasserbad.
2. Lasse das Kräuter-Öl-Gemisch abgedeckt über Nacht ziehen. Mit dem Harz-Öl-Gemisch kannst du direkt weitermachen.
3. Siebe Harzreste oder Kräuter ab und erwärme die Mischung erneut. Gib Wachs und Sheabutter hinzu und rühre, bis sie sich aufgelöst haben.
4. Lasse die Salbe unter Rühren abkühlen und fülle sie in saubere Tiegel.

SALBE

BLÜTEN

Gänseblümchen,
Hundsrose,
Kamille,
Vogelmiere,
Wiesenklee

BLÄTTER

Giersch,
Spitzwegerich,
Vogelmiere

HARZ

Fichte

TINKTUR

Alkohol löst die Wirkstoffe aus den Pflanzen, macht sie jahrelang haltbar und die Tinktur ist praktisch für unterwegs.

Du brauchst frische Kräuter, mindestens 40%igen Alkohol (z. B. Wodka oder Korn), ein Glas mit Deckel und eine Tropfflasche aus Braunglas.

1. Zerkleinere die Pflanzen und fülle das Glas damit bis zur Hälfte. Gieße dann den Alkohol darüber, bis es randvoll ist.
2. Verschließe das Glas und lasse die Mischung an einem warmen, dunklen Ort drei bis vier Wochen ziehen. Schüttle sie regelmäßig.
3. Seihe die Kräuter ab und fülle die Tinktur in die Tropfflasche.

TINKTUR

BLÜTEN

Beifuß, Duftveilchen, Gänseblümchen, Gundermann, Hundsrose, Kamille, Mädesüß, Schafgarbe, Schlehe, Thymian, Vogelmiere, Weißdorn, Weiße Taubnessel, Wiesenklee

BLÄTTER

Beifuß, Birke, Brennnessel, Giersch, Gundermann, Knoblauchsrauke, Spitzwegerich, Thymian, Vogelmiere, Wasserminze, Weißdorn

KRÄUTER TROCKNEN

Viele Pflanzen lassen sich durch Trocknen haltbar machen. So kannst du ihr Aroma auch außerhalb der Erntezeit genießen oder sie als Tee zubereiten. Bei einer schonenden Trocknung bleibt oft auch die Farbe der Blüten erhalten.

Breite das Trockengut locker auf einer luftdurchlässigen Unterlage aus und lasse es an einem schattigen Ort trocknen, bis es rascheltrocken ist. Trockne und lagere getrocknete Pflanzen möglichst im Ganzen.

Wenn du Kräuter im Bündel trocknen willst, achte darauf, sie recht locker zu binden. Die Luft muss zwischen den Halmen zirkulieren können, damit sich kein Schimmel bildet.

Früchte trocknest du wegen ihres hohen Wassergehalts am besten im Dörrgerät oder im Ofen.

KRÄUTER TROCKNEN

BLÜTEN

Beifuß, Brombeere, Gänseblümchen, Gundermann, Haselnuss, Himbeere, Holunder, Hundsrose, Kamille, Mädesüß, Schafgarbe, Schlehe, Thymian, Wasserminze, Weißdorn, Weiße Taubnessel, Wiesenklee, Wilder Dost

FRÜCHTE

Hundsrose, Weißdorn

BLÄTTER

Beifuß, Birke, Brennnessel, Brombeere, Gundermann, Himbeere, Schafgarbe, Spitzwegerich, Thymian, Walderdbeere, Wasserminze, Weißdorn, Weiße Taubnessel, Wilder Dost

FERMENTATION

Mit Hilfe von Wasserkefir-Kristallen entlockst du Kräutern und Früchten ganz neue Geschmacksnoten und tust deinem Darmmikrobiom etwas Gutes. Hefen und Bakterien sind dabei deine unsichtbaren Helfer.

1. Für ein erfrischendes Getränk löst du drei Esslöffel Zucker in einem Liter Wasser in einem verschließbaren Gefäß auf. Zwei Esslöffel Kefirkristalle, zwei Scheiben Bio-Zitrone und eine Handvoll Blüten, Blätter oder Früchte dazugeben.
2. Locker verschlossen bei Raumtemperatur stehen lassen und nach 24 Stunden abgießen. Den Wasserkefir frisch genießen oder im Kühlschrank noch ein bis zwei Tage reifen lassen. Die Kristalle abspülen und wiederverwenden.

FERMENTATION

BLÜTEN

Beifuß,
Holunder,
Mädesüß,
Schafgarbe,
Vogelmiere

BLÄTTER

Fichte,
Gundermann

FRÜCHTE

Hundsrose,
Schlehe,
Weißdorn

OXYMEL

Oxymel vereint die gesunden Eigenschaften von Honig und die Fähigkeit des Apfelessigs, Wirkstoffe aus Pflanzen zu ziehen. Es stärkt die Abwehrkräfte und schmeckt je nach verwendeten Kräutern und Früchten ganz unterschiedlich.

Du brauchst drei Teile Honig, einen Teil Apfelessig und so viele zerkleinerte Kräuter, dass sie noch frei schwimmen können.

1. Vermische Honig und Apfelessig, bis sich der Honig ganz aufgelöst hat, und gib dann die Kräuter dazu.
2. Für drei bis vier Wochen an einem dunklen, warmen Ort ziehen lassen, dann abfiltern.
3. Bewahre Oxymel im Kühlschrank auf und genieße es pur oder mit Wasser verdünnt.

OXYMEL

BLÜTEN

Duftveilchen, Gänseblümchen, Giersch, Gundermann, Haselnuss, Holunder, Hundsrose, Kamille, Löwenzahn, Mädesüß, Schafgarbe, Schlehe, Spitzwegerich, Thymian, Vogelmiere, Wasserminze, Weißdorn, Weiße Taubnessel, Wiesenklee, Wilder Dost

BLÄTTER

Brennnessel, Fichte, Giersch, Gundermann, Schafgarbe, Spitzwegerich, Thymian, Vogelmiere, Wasserminze, Weißdorn, Weiße Taubnessel, Wilder Dost

MARMELADE & GELEE

Blütengelee und wilde Fruchtmarmelade fangen die Aromen von Frühling und Sommer für dich ein.

1. Für Gelee brauchst du 100 g frische Blüten – entferne möglichst alles Grün –, einen Liter Wasser und eine Bio-Zitrone. Gib Blüten, Wasser und Zitrone in einen Topf und lasse sie bis zu drei Tage im Kühlschrank ziehen. Dann abfiltern.
2. Gib die passende Menge Gelierzucker hinzu, je nach Geschmack 3:1 oder 2:1, und folge der Packungsanweisung. Für Fruchtmarmelade verwendest du Früchte mit möglichst wenig Fruchtsaft und Gelierzucker nach Packungsangabe.
3. Gelee oder Marmelade in ausgekochte Gläser füllen, gut verschließen, auskühlen lassen und mit einem Etikett versehen.

MARMELADE & GELEE

FRÜCHTE

Brombeere,
Himbeere,
Holunder,
Hundsrose,
Schlehe,
Walderdbeere,
Weißdorn

BLÜTEN

Duftveilchen,
Holunder,
Hundsrose,
Löwenzahn,
Weißdorn

EINLEGEN

Mit den meisten aromatischen Wildkräutern kannst du aus je einem Teil Öl, Nüssen und Kräutern ganz einfach ein Pesto herstellen, das mehrere Wochen haltbar ist. In Öl eingelegte Knospen sind ein köstlicher wilder Ersatz für mediterrane Kapern.

Du brauchst zwei Handvoll Knospen, 100 ml Wasser, 20 g Salz und Olivenöl. Getrocknete Kräuter, Orangen- oder Zitronenschalen verleihen deinem Öl zusätzlichen Geschmack.

1. Lege die Knospen für zwei bis drei Tage in Salzwasser ein. Vergiss nicht, sie regelmäßig durchzuschütteln.
2. Gieße das Salzwasser ab und lasse die Knospen eine Stunde trocknen.
3. Gib die Knospen in ein Glas und fülle mit Olivenöl auf. Alle Knospen müssen gut bedeckt sein.

EINLEGEN

KNOSPEN

Bärlauch,
Früchte,
Gänseblümchen,
Holunder,
Löwenzahn,
Schlehe,
Spitzwegerich

ZUCKER UND SALZ

Kräutersalz oder -zucker ist je nach Pflanze wunderschön bunt gefärbt und lässt sich prima als hübsches Geschenk in Gläschen schichten. Du brauchst einen Teil Salz oder Zucker sowie einen Teil frische Blätter oder Blüten, gerne auch gemischt. Magst du es kräftiger, kannst du auch mehr verwenden.

1. Schneide die Kräuter grob klein und mische sie gut mit Salz oder Zucker.
2. Mixe das Gemisch im Mixer gut durch oder mahle es im Mörser so fein wie möglich.
3. Um dein Salz oder deinen Zucker zu trocknen, kannst du die Mischung jetzt für 20 Minuten bei 40 Grad mit leicht geöffneter Ofentür in den Backofen geben.

ZUCKER UND SALZ

BLÜTEN

Bärlauch, Beifuß, Duft-veilchen, Gänseblümchen, Giersch, Gundermann, Haselnuss, Holunder, Hundsrose, Knoblauchs-rauke, Löwenzahn, Mädesüß, Schafgarbe, Thymian, Weiße Taubnessel, Wiesenklee, Wilder Dost

BLÄTTER

Bärlauch, Beifuß, Birke, Fichte, Giersch, Gunder-mann, Knoblauchsrauke, Schafgarbe, Thymian, Wasserminze, Wilder Dost

ESSIG UND ÖL

Essig nimmt das Aroma von Kräutern und Früchten wunderbar an und eignet sich sehr gut als Gewürz. Dasselbe gilt für Öl. Einige Kräuteröle kannst du außerdem zur Hautpflege verwenden.

1. Zerkleinere Blätter und Blüten grob und fülle eine Flasche mit weiter Öffnung etwa zur Hälfte damit. Früchte kannst du je nach Größe im Ganzen oder zerkleinert verwenden.
2. Fülle die Flasche mit einem Essig oder Öl deiner Wahl bis oben hin auf. Alle Pflanzenteile müssen gut bedeckt sein.
3. Lasse das Gemisch an einem schattigen Ort ausziehen. Nach zwei bis drei Wochen kannst du die Kräuter und Früchte absieben.

ESSIG UND ÖL

BLÜTEN

Bärlauch, Beifuß, Duftveilchen, Gänseblümchen, Gundermann, Holunder, Hundsrose, Kamille, Knoblauchsrauke, Mädesüß, Schafgarbe, Thymian, Vogelmiere, Wasserminze, Wiesenklee, Wilder Dost

BLÄTTER

Bärlauch, Beifuß, Fichte, Gundermann, Knoblauchsrauke, Schafgarbe, Thymian, Vogelmiere, Wasserminze, Wilder Dost

FRÜCHTE

Brombeere, Himbeere, Hundsrose, Schlehe, Walderdbeere

SIRUP KOCHEN

Sirup fängt den Geschmack der Natur ein und macht ihn haltbar. Dafür brauchst du Kräuter oder Früchte, etwas Zitronensaft und Zucker im Verhältnis 1:1 zur Flüssigkeit.

1. Entsafte die Früchte oder koche sie weich und püriere sie. Filtere dann die festen Bestandteile ab und gib Zucker und Zitronensaft hinzu.
2. Kräuter und Blüten kochst du mit Wasser, Zucker und Zitronensaft auf. Empfindliche Zutaten setzt du kalt an. Lasse sie über Nacht abgedeckt ziehen, für mehr Geschmack gerne auch länger. Dann abseihen.
3. Lasse den Ansatz noch einmal für 5 Minuten sprudelnd kochen. Fülle ihn noch heiß randvoll in ausgekochte Flaschen und verschließe sie.

SIRUP KOCHEN

BLÜTEN

Duftveilchen,
Gundermann,
Holunder,
Hundsrose,
Kamille,
Löwenzahn,
Mädesüß,
Waldmeister,
Wasserminze,
Wiesenklee

BLÄTTER

Fichte,
Waldmeister,
Wasserminze

FRÜCHTE

Brombeere,
Himbeere,
Holunder,
Hundsrose,
Schlehe,
Walderdbeere,
Weißdorn

ARTEN & REZEPTE

In diesem Karten-Set habe ich 30 Pflanzen zusammengetragen, die du häufig in der Natur finden und einfach bestimmen kannst. Die wunderschöne, detailreiche Illustration auf der Vorderseite hilft dir dabei, sie zu erkennen. Bitte sammle nur, was du ohne Zweifel bestimmt hast. Auf der Rückseite findest du eine kurze Beschreibung der Pflanze und interessante Informationen zur Art. Die Symbole in der Tabelle zeigen dir, wofür du sie verwenden kannst.

Auf 10 weiteren Karten findest du die Symbole aus der Tabelle wieder. Sie stehen für verschiedene und besonders vielfältig einsetzbare Zubereitungsarten. Auf der Vorderseite sind alle Arten aufgelistet, die du für das jeweilige Rezept verwenden kannst. Auf der Rückseite findest du die passende Anleitung.

Ich wünsche dir viel Spaß
beim Sammeln und Naschen!

ESSBARE PFLANZEN

Die Blütenpracht wilder Pflanzen ist dir im Garten oder beim Spaziergang bestimmt schon einmal aufgefallen. Viele dieser Pflanzen sind nicht nur hübsch anzusehen, sie sind auch richtig lecker und oft sogar sehr gesund. Einige von ihnen kennst du bisher wahrscheinlich nur als Unkraut, aber nun lernst du sie viel besser kennen. Ich lade dich ein, einmal genauer hinzuschauen und neugierig zu probieren: Wildpflanzen sind so vielseitig und köstlich!